从小爱科学——生物真奇妙（全9册）

捉迷藏真难

［韩］尹喜贞 著

［韩］徐恩祯 绘

千太阳 译

石油工业出版社

唰，唰！

海浪不断地袭来。

米卢正在等待邻居哥哥们放学归来。

由于年纪太小，还不到上学的年龄，所以米卢
一个人待着总感觉很无聊。

在邻居哥哥们上课期间，米卢找了一些适合躲藏的地方。

到了傍晚，哥哥们终于放学回来了。

"哥哥，我们一起玩捉迷藏吧！"

米卢最喜欢跟哥哥们一起玩捉迷藏了。

"他们一定想不到我会躲在这里。"

米卢躲在一扇敞开的大门后面。

过了一会儿，抓人的人终于来到附近。

"呼，呼。"

米卢听到了自己的呼吸声。

他赶紧捂住自己的嘴巴

和鼻子，憋住气。

　　所有活着的生命体都需要呼吸。人类同样需要呼吸。人类呼吸的理由是为了吸收空气中的氧气。我们的身体由一个个细胞组成，而这些细胞必须要有氧气才能使出劲儿来。由于空气中含有人体所需的氧气，所以我们需要一直不停地呼吸。

"噗哈！"

米卢忍不住发出了声音。

因为他再也憋不住气了。

"找到你了，米卢！哈哈！"

米卢最终还是被抓人的人给找了出来。

米卢感到很沮丧。

这个地方是他昨天就想好的场所，没想到只因没有憋住气就被抓了出来。

"下次我一定会躲在没有人能找得到的地方！"

次日，米卢找到了一个更加隐蔽的地方。

那就是一艘丢弃在海边的小船里面。

米卢马上钻进了倒扣着的小船里面。

"这次总该找不到了吧？"

"哈啊，哈啊！"

可能是由于跑得太快的缘故，他的喘息声一直没有停下来。

"我听到了小船里面的喘息声！"

最终，米卢又被抓人的人给揪了出来。

我们在进行奔跑等剧烈运动时，呼吸会变得比平时急促。因为使出的力气越大，我们的身体就需要越多的氧气；同时，我们的身体里还会产生更多的二氧化碳。因此，为了尽快排出二氧化碳，同时吸收更多的氧气，我们的呼吸才会变得急促起来。

米卢今天的捉迷藏计划最后也沦为了泡影。

米卢嘟嘟哝哝地走回家中。

爸爸看到米卢沮丧的表情，问道：

"米卢，你今天遇到了什么不开心的事情吗？"

米卢一脸无辜地抱怨道：

"爸爸，为什么我无法控制自己的呼吸呢？玩捉迷藏的时候，我总是因为呼吸声被人找出来。"

"哈哈！"

听到米卢的话，爸爸笑了起来。

"米卢呀，这个世上没有人能随意地控制自己的呼吸，所以下次你也可以根据哥哥们的呼吸声找出他们。"

"米卢，我们不如在家中一起玩捉迷藏吧？如果你能找出爸爸，爸爸就答应帮你实现一个愿望。"

爸爸决定要帮米卢找回笑容。

"太棒了！"

于是，米卢就开始与爸爸玩起了捉迷藏。

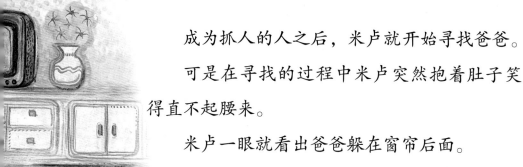

成为抓人的人之后，米卢就开始寻找爸爸。

可是在寻找的过程中米卢突然抱着肚子笑得直不起腰来。

米卢一眼就看出爸爸躲在窗帘后面。

因为窗帘正在随着爸爸的呼吸不停地摆动。

"找到了！"

咯咯！

在呼吸的时候，包裹着肺部的肋骨会不停地膨胀和收缩。当我们吸气时，肋骨会上提外移，胸廓变大，胸腔容积变大；反之，当我们呼气时，肋骨则会落下去，胸腔变小。正因如此，我们在呼吸的时候，胸部才会起伏不断。

米卢感到很高兴。

原本因为捉迷藏被抓而产生的沮丧心情顿时一扫而空。

不过，米卢好像笑得有点多了。

因为他突然就开始打起了嗝。

"爸爸，我的愿望是'嗝'！就是'嗝'！"

我们的身体里有一层隔开腹腔和胸腔的薄膜，我们称它为"横膈膜"。如果我们在吃饭或喝水的时候太过焦急，横膈膜就会发生震动。这种震动会阻挠横膈膜的正常运动，从而使得我们在喘气的时候出现打嗝现象。

结束捉迷藏练习后，爸爸和米卢就来到了后山的泉水台。
来到泉水台，米卢和爸爸一起吸了一口新鲜的空气。
米卢仿佛感受到新鲜的空气从头到脚扩散开来。

如果我们到空气清新的树林中进行深呼吸，就会产生一种新鲜空气扩散到全身的感觉。其实，这是我们身体循环通畅的最好证明。

米卢提着水桶，走下山来。

"米卢，你想好提出什么愿望了吗？"

米卢这才如梦初醒般地喊道：

"我想到了。我要一件可以成为透明人的衣服！那样，我们玩捉迷藏的时候，哥哥们就绝对无法再找到我了。"

米卢的声音太大，其他一起下山的登山客们听到之后纷纷忍不住"哈哈"大笑起来。

唰，唰！

波涛不停地拍打着沙滩。

米卢盯着脚上的运动鞋，等待着哥哥们放学回家。

爸爸虽然没能送他可以变成透明人的衣服，但给他买了一双能够跑得更快的运动鞋。

"今天该藏在哪里呢？"

今天，米卢还在思索着适合躲藏的地方，一个任何人都找不到自己的隐蔽场所。

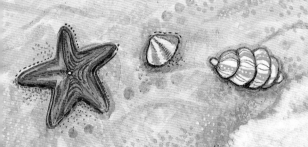

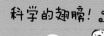
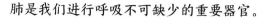

让我们了解一下肺部的结构

肺是我们进行呼吸不可缺少的重要器官。

那么，当我们进行呼吸的时候，空气是通过什么地方进入肺部的呢？

当我们吸气时，空气会进入一个叫气管的地方。气管的末端会分出两个管道，我们称它们为"支气管"。

另外，支气管的末端各连接着一个肺。空气只有通过气管和支气管之后才能抵达肺部。

肺位于肋骨的内侧，体积比其他内脏大很多。

因为我们需要呼吸大量的空气。

肺上附着纵横交错的毛细血管。我们呼吸进来的氧气会渗入到这些血管中，而血管中的二氧化碳则会排放出来。

我们平时呼吸一次时吸入的空气总量大约为0.5升，但若是做深呼吸，就能吸入4-5升的空气。

就如上面所说，肺是帮助我们进行呼吸不可缺少的重要器官。

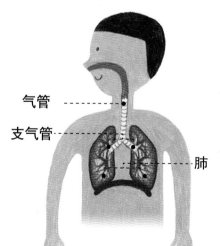

气管

支气管

肺

我们为什么
会 打哈欠

我们的身体中会发生很多有趣、奇特的事情。其中，有一些事情会在我们呼吸时发生。例如犯困时张大嘴巴打哈欠或突然打嗝等。

如果我们不犯困却打哈欠就意味着周边缺少氧气。打哈欠是"现在急需氧气，快点呼吸更多的氧气"的信号。如果身体缺乏氧气，我们就会不由自主地打哈欠。

因此，若是发现自己在白天毫无缘故地打哈欠，我们就需要打开窗户进行换气或走到外面呼吸一下新鲜空气。

1 米卢因为什么在捉迷藏的时候被抓住？

2 我们进行呼吸是为了吸收空气中的什么成分？

3 我们进行呼吸时需要的器官是什么？
请说出它的名称，并在图片中用○标
示出来。

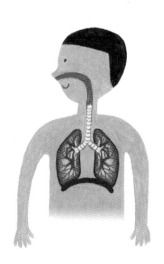